Sitzungsberichte
der Akademie der Wissenschaften
der DDR
Mathematik – Naturwissenschaften – Technik

Jahrgang 1990 · Nr. 6/N

Peter-Klaus Budig

Der Einfluß von Leistungs- und Mikroelektronik auf die Energieeinsparung

AKADEMIE-VERLAG BERLIN
1990

Sitzung der Klasse Technikwissenschaften
der Akademie der Wissenschaften der DDR
am 22. Juni 1989

Herausgegeben im Auftrage
des Präsidenten der Akademie
der Wissenschaften der DDR
von Vizepräsident Prof. Dr. Hans-Heinz Emons

ISBN 3-05-500850-2
ISSN 0138-3965
Erschienen im Akademie-Verlag Berlin, Leipziger Straße 3—4, Berlin-1086

Printed in Germany
Gesamtherstellung: Druckhaus Köthen GmbH
LSV 3525
Bestellnummer: 764 157 7 (2010/90/6/N)

Inhalt

Eugen-Georg Woschni

Laudatio für Hans Frühauf

Anläßlich seines 85. Geburtstages ehren wir heute einen Wissenschaftler, der fast ein halbes Jahrhundert lang die Entwicklung seines Fachgebietes maßgeblich beeinflußte. Schlägt man selbst in der kleinen Ausgabe von Meyers Handlexikon unter F nach, so findet man dort mit einem Bild unter dem Schlagwort „Frühauf" folgende Kurzcharakteristik – ich zitiere: „Frühauf, Hans, geboren 1904, Elektrotechniker, Professor und Institutsdirektor an der TU Dresden – emeritiert; bekleidete viele wissenschaftliche und staatliche Funktionen u.a. im Forschungs- und Ministerrat."

Prof. em. Dr.-Ing. Dr.-Ing. E. h. Hans Frühauf, geb. am 4. 1. 1904 in Pforzheim, studierte Schwachstromtechnik an der Technischen Hochschule Stuttgart und promovierte 1931. Nach Lehraufträgen an der TH Stuttgart war er nahezu 20 Jahre in der radio- und nachrichtentechnischen Industrie tätig. Unmittelbar nach der Zerschlagung des Faschismus stellte er sich für den Wiederaufbau in unserem Lande zur Verfügung. Er war zunächst als Chefingenieur und stellvertretender Betriebsleiter im VEB Stern-Radio Rochlitz und später als Wissenschaftlicher Leiter und Technischer Direktor der VVB Radio- und Fernmeldetechnik R-F-T in hervorragendem Maße am Aufbau und an der Heranführung der nachrichtentechnischen Industrie der DDR an das internationale Niveau beteiligt. Mit der Gesamtleitung des Industriezweiges beauftragt, hat Prof. Frühauf mit Können und Weitblick maßgeblich dazu beigetragen, daß Schwachstromtechnik und Elektronik sich in der DDR mit großer Schnelligkeit entwickelt und hohen volkswirtschaftlichen Nutzen gebracht haben. Im Jahre 1950 wurde Prof. Frühauf auf den Lehrstuhl für Schwachstromtechnik in der Fakultät für Maschinenwesen und Elektrotechnik der damaligen Technischen Hochschule Dresden berufen.

Er stellte all seine Erfahrungen und sein Können in den Dienst seiner neuen Tätigkeit und trug maßgeblich zum Ausbau der Fachrichtung Schwachstromtechnik sowie zur Gründung einer selbständigen Fakultät Elektrotechnik an der Technischen Hochschule Dresden bei. Fast zwei Jahrzehnte war er Direktor des Instituts für Hochfrequenztechnik und Nachrichtenelektronik, das die Tradition der ehemaligen Barkhausenschen Lehr- und Forschungsstätte weiterführte. Er hat sowohl in seinem engeren Arbeitsbereich als auch innerhalb der Technischen Universität als Prorektor für das Fernstudium und Mitglied des Senats stets mit außerordentlicher Effektivität zur Weiterentwicklung von Lehre und Forschung beigetragen. Die große Zahl seiner

Schüler, zu denen ich mich auch zählen darf, und die heute Schlüsselpositionen in Industrie und Wissenschaft inne haben, sind hierfür Beweis.

Prof. Frühauf hat zahlreiche wissenschaftliche Arbeiten zur Theorie der Hochfrequenzsiebschaltungen und der Informationsübertragung veröffentlicht, die auch in andere Sprachen übersetzt worden sind. Er förderte die Publikation wissenschaftlicher Ergebnisse seines Fachgebietes als Mitglied des Redaktionsausschusses der Zeitschrift „Nachrichtentechnik“ und Mitherausgeber der wissenschaftlichen Zeitschrift Elektrotechnik. Er war Schriftleiter und Herausgeber der Zeitschrift für elektrische Informations- und Energietechnik sowie Herausgeber der Fachbuchreihen „Bücherei der Hochfrequenztechnik“ und „Elektronisches Rechnen und Regeln“.

1953 fanden seine Verdienste durch die Wahl zum Ordentlichen Mitglied der Deutschen Akademie der Wissenschaften die verdiente Würdigung.

Prof. Frühauf gehörte nie zu den Wissenschaftlern, die glaubten, Wissenschaft als Selbstzweck betreiben zu können. Deshalb hat er sehr frühzeitig die Bemühungen von Partei und Regierung um die Gewinnung der Intelligenz für den sozialistischen Aufbau und dann 1955 die insbesondere auch die Akademie betreffenden Maßnahmen zur Förderung des wissenschaftlich-technischen Fortschritts mit aller Kraft unterstützt.

In dieser Zeit befand sich die Akademie der Wissenschaften in einer fast explosionsartigen Entwicklungsphase. Das naturwissenschaftliche Potential sprengte den bisherigen Rahmen der Akademie. Es paßte nicht mehr in die traditionelle Organisationsform des Plenums und der Klassen, denen die Institute unterstanden. Als neue Organisationsform wurde im Mai 1957 die Forschungsgemeinschaft der naturwissenschaftlichen, technischen und medizinischen Institute der Akademie gegründet. Am 6. Juni 1957 wurde Prof. Frühauf zum Vizepräsidenten der AdW, am 24. Juni zum Vorsitzenden des Kuratoriums und des Vorstandes der Forschungsgemeinschaft gewählt.

Unter seiner direkten Leitung wurden auf breiter Front bedeutende wissenschaftliche Erfolge erzielt. Auch als Staatssekretär für Forschung und Technik und als Stellvertreter des Vorsitzenden des Forschungsrates bei der Regierung der DDR förderte Professor Frühauf die Überführung wissenschaftlicher Erkenntnisse und neuer Arbeitsmethoden in die Industrie.

In Anerkennung und Würdigung seiner großen Verdienste und hervorragenden Leistungen wurde Prof. Frühauf auf vielfältige Art und Weise geehrt und ausgezeichnet. Zweimal erhielt er den Nationalpreis für Wissenschaft und Technik. Aus der Vielzahl der Auszeichnungen seien weiter der Vaterländische Verdienstorden in Silber, der Orden „Banner der Arbeit“ und die Ehrenspange der Akademie der Wissenschaften der DDR genannt.

Die Hochschule für Elektrotechnik Ilmenau verlieh Prof. Frühauf in Anerkennung seiner hervorragenden Verdienste die Ehrendoktorwürde. Auch nach seiner Emeritierung im Jahre 1969 nahm Prof. Frühauf als Ordentliches Mitglied der Akademie der Wissenschaften der DDR und Angehöriger der Klasse Physik und der Klasse Werkstoffwissenschaft aktiven Anteil an der Wissenschaftsarbeit. Er tat dies u.a. als Vorsitzender des Nationalkomitees für Radiophysik und Radiotechnik der DDR im Rahmen der Union Radio-Scientifique International (URSI), als langjähriger Leiter eines wissenschaftlichen Beirates für Fragen der Werkstofforschung und als Mitglied des Wissenschaftlichen Rates für Forschung und Forschungsplanung der Akademie der Wissenschaften der DDR. Die Tätigkeit in der URSI beendete er 1986, fast dreiundachtzigjährig.

1981 wurde er für seine langjährige Mitarbeit in der Akademie der Wissenschaften mit der Johannes-Stroux-Medaille für Verdienste bei der Entwicklung der Akademie der Wissenschaften der DDR geehrt. Die Vielfalt der Aufgaben, die Prof. Frühauf in seinem bisherigen Schaffen gelöst hat und die ihn zu vielen Erfolgen führten, ist kaum zu überschauen. Beharrlichkeit und Begeisterung bei der Verfolgung der Ziele seiner Tätigkeit waren eine der wesentlichsten Voraussetzungen. Wir wünschen dem Jubilar weiterhin Kraft, Freude und Gesundheit!

Peter-Klaus Budig

Laudatio für Kurt Pommer

Kurt Pommer, am 5. Mai dieses Jahres 85 Jahre geworden, hat insbesondere in der Nachkriegszeit sehr maßgebend Einfluß auf die Entwicklung der Elektrotechnik des Elektromaschinenbaues in unserer Republik, aber auch auf die Entwicklung der Hochschulausbildung ausgeübt. Nach dem Besuch der Realschule erhielt er eine Ausbildung als Schlosser. 1925 absolvierte er die Staatliche Akademie für Technik in Chemnitz. Er wurde an der Vorläufereinrichtung unserer heutigen Technischen Universität in Chemnitz ausgebildet. Anschließend war er als Konstrukteur bei Siemens & Halske in Berlin tätig. 1929 nahm er ein Studium der Elektrotechnik an der Technischen Hochschule Darmstadt auf. Hier wurde sein Werdegang im wesentlichen durch seinen Lehrmeister Prof. Punga bestimmt; er hatte erste Berührungen mit der Hochspannungstechnik sowie mit Theorie und Praxis der elektrischen Maschinen.

Nach einer kurzen Assistentenzeit im Jahre 1937 kehrte er in den sächsischen Raum zurück und war im Sachsenwerk Dresden als Versuchsingenieur tätig.

Die nächsten Etappen seiner Entwicklung sind außerordentlich interessant, weil sehr kontinuierlich. Er wurde Prüffeldleiter für das Gesamtsortiment der elektrischen Maschinen, Transformatoren, Schaltanlagen und -geräte, schließlich stellvertretender Chefkonstrukteur und Fabrikleiter für Entwicklung.

Nach dem Ende des Krieges besann man sich auf Kurt Pommer, der Betrieb wurde wieder aufgebaut unter sowjetischer Leitung als SAG-Betrieb. Kurt Pommer wurde Betriebsdirektor. Er war von der deutschen Seite her der Partner der sowjetischen Fachleute und Technikoffiziere. Es galt, den größten Betrieb des Elektromaschinenbaus unseres Landes wieder aufzubauen, leistungsfähig zu machen. In diese Zeit fielen die Entwicklungen solcher wichtigen Erzeugnisse wie Walzenstraßen- und Fördermaschinenantriebe, aber auch die Übernahme von Turbogeneratoren sowjetischer Konstruktion bis hin zum Schaffen der Voraussetzungen für den Aufbau unserer chemischen Industrie durch Bereitstellen entsprechender Kompressormotoren. Kurt Pommer bildete in jener Zeit, die durch die Turbulenz der Nachkriegsjahre mit all ihren politisch-ideologischen Auseinandersetzungen gekennzeichnet war, in dem großen Kollektiv des Sachsenwerkes mit fast 4500 Menschen einen ruhenden Pol, der sehr maßgebenden Einfluß auf die ordnungsgemäße Erfüllung der Aufgaben ausübte. Was wunder, daß er berufen wurde, die Nachfolge des Altmeisters des Elektromaschinenbaus Prof. Binder in Dresden 1952 anzutreten, zunächst mit vollem Lehrauftrag,

1953 mit Lehrstuhl und 1955 erhielt er die Berufung zum Direktor des Institutes für Elektrische Maschinen und Antriebe.

Die folgenden Jahre waren dadurch gekennzeichnet, daß Kurt Pommer auf der einen Seite sich von seinen Industriebindungen nicht löste, insbesondere von denen zum Sachsenwerk, und auf der anderen Seite sich mit sehr viel Elan und Interesse den Aufgaben der Ausbildung und Erziehung widmete einschließlich der Neugestaltung der Lehrpläne. Die 2. Hochschulkonferenz forderte u.a., den gesellschaftswissenschaftlichen Unterricht in die Lehrpläne mit einzubauen. Kurt Pommer hatte an der Ausarbeitung der Lehrpläne im Bereich des Elektroingenieurwesens Anfang der 50er Jahre einen sehr wesentlichen Anteil. Ich sehe ihn noch vor mir, mit gespitztem Bleistift Zahlen schreiben, Stundenbilanzen ausarbeiten und viele Fachdiskussionen um die neuen Inhalte führen. Wir bauten in den vergangenen fünf Jahren auf seinen Erfahrungen auf, um eine neue Qualität der Ausbildung zu erreichen.

Es darf als eine Krönung angesehen werden, daß er 1956 zum Rektor der Technischen Universität in Dresden gewählt wurde und dieses Amt mehrere Jahre innehatte. In diese Zeit hinein fielen wichtige bauliche Abrundungen des Gesamtkomplexes der heutigen Technischen Universität, insbesondere die Einbeziehung einer großen Bausubstanz an der Nöthnitzer Straße, die sehr wesentlich war, um die materiellen Voraussetzungen für die weitergehende Ausbildung der Studierenden zu schaffen.

Zur gleichen Zeit wirkte Kurt Pommer im Forschungsrat, erst als Vorsitzender eines Zentralen Arbeitskreises für „elektrische Maschinen und Antriebe" und später als Leiter der „Gruppe Elektrotechnik" des Forschungsrates. Diese Tätigkeit fiel zusammen mit der stürmischen industriellen Entwicklung unseres Landes, da Wesentliches zur Profilierung der Elektroindustrie, der starkstromtechnisch orientierten Industrie erfolgte und die Gremien des Forschungsrates auf diese Entwicklung maßgebenden Einfluß durch Beratung unserer Regierung mit zu leisten hatte. Kurt Pommer hat hier mit dem von ihm geleiteten Gremium wertvolle Hinweise und Unterstützungen für Entscheidungen zur weiteren Profilierung der Elektroindustrie gegeben. Er wurde als Vorsitzender des Beirates für Technische Wissenschaften vom Minister für das Hoch- und Fachschulwesen berufen und hat in dieser Eigenschaft Einfluß sowohl auf die Gestaltung der Lehrpläne als auch auf die Weiterentwicklung des Ausbildungsgebäudes im Elektroingenieurwesen unserer Universitäten und Hochschulen genommen, denn gerade diese Zeit war ja gekennzeichnet durch die Vorboten der Mikroelektronik, durch die Einbeziehung der mikroelektronischen Ausbildung und Forschung in das Hochschulwesen. Es gab viele heterogene Meinungen zu Fragen des Ausbaues der einzelnen Universitäten und Hochschulen. Kurt Pommer hat mit dem ihm eigenen diplomatischen Geschick und seiner Weitsicht es verstanden, die Wissenschaftler des Elektroingenieurwesens unseres Landes so zu orientieren, daß wir heute sagen können, daß wir ein Ausbildungsgebäude haben, das über Jahrzehnte hinweg den Anforderungen des internationalen Marktes standhalten kann.

Er war mehrere Jahre Mitglied des Auszeichnungsausschusses für Nationalpreise und arbeitete in vielen Beiräten der Industrie, aber auch der Fachzeitschriften – wie Technisches Zentralblatt und ELEKTRIE – mit.

1966 wurde Kurt Pommer zum Ordentlichen Mitglied der Akademie der Wissenschaften berufen, ein Ausdruck dafür, in welch hohem Maße sich damals bereits die Akaddemie für Technikwissenschaftler interessierte, eine Entwicklung, die letztendlich durch die Bildung der Klasse Technikwissenschaften in diesem Jahr einen ersten gewissen abrundenden Abschluß erhalten hat. Wir können sagen, daß Kurt Pommer mit zu denen gehörte, die hier in der Akademie den Gedanken der Technikwissenschaften mit hineingetragen haben.

Seine umfangreichen Lesitungen und seine vielfältigen Aktivitäten sind insbesondere dadurch gekennzeichnet, daß er es immer verstanden hat, mit großem Geschick und Menschenkenntnis zu erkennen, wem kann man welche Aufgabe übertragen. Beachtlich ist, daß aus seiner Schule Schüler hervorgegangen sind, die Professoren an wichtigen Einrichtungen unseres Landes sind, daß viele hervorgegangen sind, die leitende Funktionen in der Industrie einnehmen, und Kurt Pommers führende väterlich-freundschaftliche Hand — sichtbar oder unsichtbar — hat manch einer von uns, die wir uns zu seinen Schülern zählen, gefördert und mit sich entwickeln geholfen. Er wurde mit hohen staatlichen Auszeichnungen geehrt, so mit dem Vaterländischen Verdienstorden in Silber, mit dem Nationalpreis, mit dem Orden „Banner der Arbeit". Schließlich erhielt er die Ehrendoktorwürde der Technischen Hochschule in Ilmenau.

Daß ich heute diese Laudatio vortrage, hat nicht nur den rein sachlichen Grund, ihn zu kennen, sondern hat für mich persönlich eine sehr tiefe Bewandtnis, bin ich doch sein erster Diplomand gewesen, war ich sein erster Assistent, den er eingestellt hat, und habe ich doch letztendlich auch seine Nachfolge im Forschungsrat als Leiter der Gruppe Elektrotechnik angetreten. In seine Fußstapfen durfte ich treten, die er in der Akademie hinterlassen hat. Ich bin ihm persönlich sehr dankbar, und ich glaube, ich darf wohl im Namen aller seiner Schüler sagen, daß wir Kurt Pommer sehr dankbar sind für das, was er für die Wirtschaft, für die Wissenschaft und für das Hochschulwesen unseres Landes und auch für seine Schüler getan hat. Ich hoffe, daß er bei guter Gesundheit uns noch recht oft zum anregenden Gespräch und zum vielfältigen Gedankenaustausch zur Verfügung steht. Als wir vor wenigen Tagen seinen 85. Geburtstag gemeinsam begangen haben, erfreute er sich großer geistiger Frische und war ein wie immer interessanter Gesprächspartner über Probleme unserer Zeit, unseres Lebens und unserer Wissenschaft.

Peter-Klaus Budig

Der Einfluß von Leistungs- und Mikroelektronik auf die Energieeinsparung

Elektroenergie und ihre volkswirtschaftliche Bedeutung

Auf der Weltenergiekonferenz 1985 wurde eingeschätzt, daß der Bedarf an Primärenergie um ca. 1,5...2,5% pro Jahr und der der Elektroenergie um ca. 2% pro Jahr steigen wird. Daraus läßt sich abschätzen, daß der Bedarf z. B. für elektrische Antriebe um 2...3% pro Jahr steigen wird. Das ist ableitbar aus dem steigenden Bedarf an Transport von Gütern und Menschen und dem Elektroenergiebedarf durch die Automatisierung industrieller Prozesse.

Wenn auch in der DDR der Mehrbedarf an Elektroenergie vorhanden ist, so ist nicht mit einem Zuwachs des Aufkommens an Elektroenergie zu rechnen. Das bedeutet, daß es notwendig ist, den Elektroenergiebedarf kritisch zu untersuchen und Reserven dadurch zu erschließen, daß der spezifische Elektroenergiebedarf gesenkt wird. Einen Vergleich des Pro-Kopf-Verbrauches an Elektroenergie zeigt Tabelle 1. Daraus wird ersichtlich, daß in der DDR offensichtlich der spezifische Elektroenergieverbrauch in der Industrie zu groß ist, während andererseits der Verbrauch im Haushalt und in den anderen Bereichen der Volkswirtschaft (Transport/Verkehr, Handel, Versorgung, Dienstleistungen) in der DDR niedriger liegt. Dabei ist zu berücksichtigen, daß durch die zentralen Wärmeversorgungen in der DDR der Bedarf an elektrischen Heizungen wesentlich geringer ist und daß auf Grund der klimatischen Bedingungen keine Klimatisierung der Wohn- und Arbeitsräume erforderlich ist.

Tabelle 1 Pro-Kopf-Verbrauch der Elektroenergie (1985)

	DDR	BRD	USA	Frankreich
Gesamtverbrauch kWh/Kopf	5550	6023	9795	5090
Industrieverbrauch kWh/Kopf	3990	2930	3340	2059

Die Verbraucherstruktur der Elektroenergie in der DDR (1985) zeigt Tabelle 2. Es ist ersichtlich, daß 4 große Blöcke gebildet werden können. Das sind

Antriebe	mit ca. 55%
Beleuchtung	mit ca. 14%
Raumheizung	mit ca. 16%
Elektrotechnologie	mit ca. 13%

Zu beachten ist, daß der Elektroenergieverbrauch im Bereich der Energie- und Brennstoffindustrie in der DDR bei 24% der erzeugten Elektroenergie liegt. Der entsprechende Bedarf in der BRD beträgt nur 16,5%. Das ist nicht zuletzt auf günstigere Lagerstätten zurückzuführen.

Es wird eingeschätzt, daß in Zukunft elektrotechnologische Verfahren eine zunehmende Bedeutung haben werden. Ihr Anteil am Elektroenergieverbrauch wird auf 30%...50% (nach 2000) steigen. In der DDR hat sich der Anteil von 11% im Jahr 1965 auf 13% im Jahr 1985 erhöht. Die entsprechenden Zahlen in der BRD lauten: 1965 12% (also gleiche Ausgangsbasis) und 1985 25%.

Elektrotechnologische Verfahren

Die Vorteile elektrotechnologischer Verfahren gehen aus Tabelle 3 hervor.

Tabelle 3 Vorteile elektrotechnologischer Verfahren

1. Dosierarbeit		
2. hohe Energiedichte	(Flamme	$10^{-2} \ldots 10^{3}$ W/cm²
(20...30%)	Lichtbogen	$10^{4} \ldots 10^{5}$ W/cm²
	Plasmastrahl	$10^{5} \ldots 10^{6}$ W/cm²
	Elektronenstrahl	$10^{5} \ldots 10^{9}$ W/cm²
	Laser	$10^{7} \ldots 10^{10}$ W/cm²)
3. Rechnerführung der Prozesse (3...30%)		
bei Stahlschmelzen Einsparung		
Senkung Schmelzzeit um 1 Minute --- 2,24 kWh/t		
Senkung Temperatur um 10 K --- 5,0 kWh/t		
Erhöhung der Leistungsdichte um 10 kWh/t --- 2,2 kWh/t		
4. Erhöhung der Chargenmasse (20...25%) bei		
1 t Tiegel	100% Gußeisen	100% Aluminium
25 t Tiegel	80% Gußeisen	75% Aluminium
5. Neue Wirkprinzipien (10...30%)		

Es ist ersichtlich, daß sich daraus folgende Aufgaben ableiten lassen:

1. Entwicklung technologischer Verfahren, die mit den physikalischen Prinzipien der Energieumwandlung aus elektrischer Energie arbeiten.

2. Die Entwicklung der Gerätetechnik, um die unter 1. erwähnten Verfahren realisieren zu können.

3. Die physikalische Erforschung der technologischen Prozesse mit dem Ziel ihrer mathematischen Formulierung, der Ableitung von Algorithmen und der Entwicklung von Programmen zur Steuerung der Prozesse. Dabei sind Optimierungskriterien in Richtung auf geringsten Energie- und Materialeinsatz zu erforschen. Es geht darum, das Aufkommen an Elektroenergie dem technologischen Prozeß „hauteng“ anzupassen

Untersuchungen an Beispielen der Bereiche Grundstoffindustrie und metallverarbeitende Industrie zeigen die Tabellen 4 und 5.

Tabelle 4 Spezifischer Energiebedarf bei Herstellung von:

Kalziumkarbid	DDR	3640	kWh/t
	Japan	3050	kWh/t
Chlor	DDR	3610	kWh/t
	intern.	2550...3300	kWh/t
Zement	DDR	117	kWh/t
	intern.	120...160	kWh/t
Elektrostahl	DDR	640	kWh/t
	intern.	600	kWh/t
Aluminium	DDR	18450	kWh/t
	intern.	14500–9000	kWh/t

Es ist ersichtlich, daß im ersten Fall zweifellos teilweise erhebliche Reserven noch erschließbar sind, jedoch ist dabei zu beachten, daß der Übergang zu z.B. elektrotechnologischen Verfahren bei der Kalziumkarbidherstellung Weiterungen in der Struktur der chemischen Industrie nach sich ziehen. Das ist in jedem Fall zu beachten, da damit große Investaufwendungen verbunden sind.

Tabelle 5 Energieeinsparung durch andere Fertigungsverfahren

Rohstoffausnutzung %		Energiebedarf je Fertigteil kWh/kg
50	Spanende Fertigung	18...23
77	Warmgesenkschmieden	13...14
80	Kalt- und Warmfließpressen	11...12
85	Gießen	8...11
95	Sintern	8,5

Tabelle 5 zeigt sehr deutlich die große Bedeutung alternativer Technologien zur Spangebung in bezug auf Rohstoffausnutzung und Energiebedarf. Dabei ist noch zu beachten, daß Rohstoffe vergegenständlichte Energie sind.

Die Notwendigkeit zum Übergang auf neue Formgebungsprozesse wird deutlich. Die Bedeutung von elektrotechnologischen Verfahren zur Oberflächenbearbeitung (Härten, Schichtabscheidung, Strukturwandel u.a.) geht aus den Angaben in Tabelle 3 zur Energiedichte hervor.

Zu diesen gehören die in Tabelle 6 angegebenen Verfahren.

Tabelle 6 Elektrotechnologische Bearbeitungsverfahren

Galvanisches Abscheiden	Molekularstrahlabscheidung
Galvanisches Abtragen	Funkenerosion
Elektrophorese	Laserabtragen
CVD	Lasertrennen
Sputtern	Laseroberflächenbearbeitung
Elektronenstrahlabscheidung	

Bei der Betrachtung der technologischen Verfahren dürfen die Methoden des Recycling (90% Rückgewinnung), der Wärmedämmung (15...20% Einsparung) und der Abwärmenutzung (20% Rückgewinnung) als Quelle der Senkung der Verluste bzw. zur Nutzung von Restenergie nicht vergessen werden.

Es ist leicht einzusehen, daß die Anwendung der erwähnten technologischen Konzepte zur genauen Steuerung der Zufuhr der Elektroenergie nur mit den Mitteln der Leistungselektronik und der Mikroelektronik möglich ist.

Lichttechnik

In Tabelle 7 ist die Lichtausbeute angegeben. Daraus folgt, daß der Trend zur Anwendung energiesparender Lichtquellen zwingend ist. Zu beachten ist, daß moderne Lichtquellen zur Zündung und Regelung den Einsatz der Mikroelektronik und angepaßter leistungselektronischer Bauelemente erfordert.

Tabelle 7 Lichtquellen

Glühfadenlampe	...20 lm/W	ca. 82% aller Brennstellen in der DDR
Halogenlampe	...22 lm/W	
Leuchtstofflampe	...67 lm/W	ca. 16,5% aller Brennstellen in der DDR
Hg-Hochdrucklampe	...63 lm/W	
Halogenmetalldampflampe	...92 lm/W	
Na-Niederdrucklampe	...144 lm/W	
Na-Hochdrucklampe	...119 lm/W	ca. 1,4% aller Brennstellen in der DDR

Antriebstechnik

In Tabelle 8 sind die Hauptanwendungsgebiete angegeben. Der Bereich der Leistungen reicht von mW bis zu vielen MW.

Tabelle 8 Anwendungsbereiche elektrischer Antriebe

Grundstoffindustrie
Leichtindustrie
Transport/Verkehr
Haushalt/Freizeit
Datenverarbeitung/Wissenschaftlicher Gerätebau

Die Industrieantriebe teilen sich, wie in Tabelle 9 angegeben, auf. Daraus ergibt sich, daß Verdichter und Pumpen eine große Bedeutung haben. Wird zur Mengenregelung die Methode der Drosselung oder des Bypasses verlassen und durch variable Antriebsdrehzahl ersetzt, so kann Energie im Teillastbereich von 10...50% eingespart werden (Abb. 1). Die Anwendungsbereiche solcher Verdichter beginnen in der Belüftungstechnik mit Leistungen von einigen kW und schließen Wasserpumpen von einigen 100 kW bis zu Kesselspeisepumpen in Kraftwerken von einigen 1000 kW ein.

Tabelle 9

Antrieb	Anteil der Antriebsleistung
Kompressoren, Lüfter	43,0%
Pumpen	23,5%
Werkzeugmaschinen	12,2%
Textilmaschinen	10,7%
Förder- und Transporteinrichtungen	3,6%

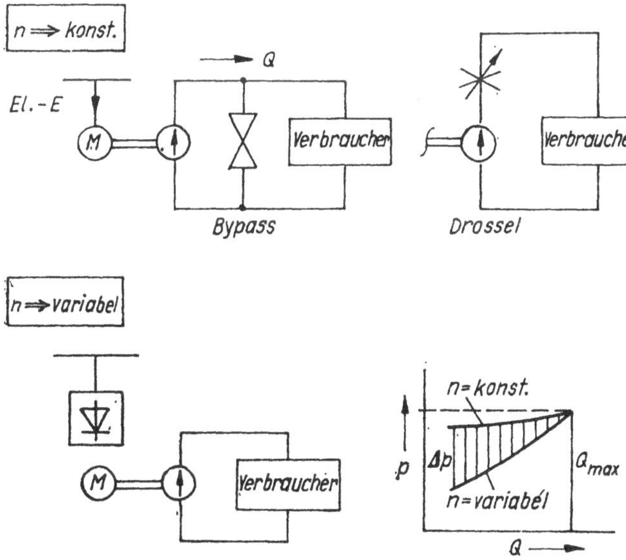

Abb. 1 Energieeinsparung durch Drehzahlstellung bei Pumpen

Die Realisierung erfolgt mittels Drehstrommotoren, die von Stromrichtern mit variabler Frequenz eingespeist werden. Damit werden auch Drehzahlen für die Motoren über 3000 min^{-1} möglich, so daß Motor und anzutreibendes Aggregat getriebefrei sind. Damit werden Vorteile in bezug auf Senkung des Materialaufwandes möglich.

Eine genauere Analyse zeigt, daß rund 90% aller Antriebsaufgaben im Leistungsbereich unter 200 kW liegen. Es muß beachtet werden, daß der Einsatz von Stromrichtern eine zusätzliche Verlustquelle bedingt, die den Wirkungsgrad um einige Prozent verschlechtert.

Untersuchungen, den Wirkungsgrad der Motoren zu verbessern, zeigen, daß wegen der physikalischen Zusammenhänge zwischen den spezifischen Belastungen in Kupfer bzw. Eisen und den entstehenden Verlusten (Abb. 2) der Materialaufwand pro Prozent Verlustsenkung im Mittel um 7% steigt. Damit ist deutlich, daß Energieeinsparung, also die Senkung des spezifischen Energiebedarfes, nur durch die Vorteile im technologischen Prozeß erwirtschaftet werden können.

Diese Feststellung ist allgemeingültig, trifft also auch auf die Regelung der Beleuchtungsleistung oder die Elektroenergiezufuhr im technologischen Prozeß zu.

Elektrische Verluste in linienhaften Leitern

$$P_e = I^2R = S^2 \frac{V_L}{\varkappa}$$

S = Stromdichte

V_L = Leitervolumen

$\varkappa$ = el. Leitfähigkeit

Ummagnetisierungsversuche im Eisenkreis

$$P_u = (\sigma f B^2 + \varepsilon f^2 B^2) \cdot V_m \cdot \varrho$$

B = Feldliniendichte

V_m = Magnetkreisvolumen

σ, ε = Materialkonstanten

ϱ = spez. Masse

Wärmeabgabe

Leitung

$$\Delta\vartheta = p \cdot \frac{L}{\lambda}$$

p = Wärmestromdichte im Material

L = Länge des Wärmepfades

λ = Wärmeleitfähigkeit

Konvektion

$$\Delta\vartheta = p' \frac{1}{\alpha}$$

p' = Wärmestromdichte an der Oberfläche

α = Wärmeabgabeziffer

Abb. 2 Zusammenhang von Materialaufwand und Energieverlusten bei elektromagnetischen Anordnungen

Geregelte Elektroenergiezufuhr und Vorteile der Automatisierung von Prozessen

Die Untersuchungen erfolgen am Beispiel von Antriebsaufgaben. Die Betrachtungsweise und Ergebnisse sind auf andere technologische Prozesse übertragbar.

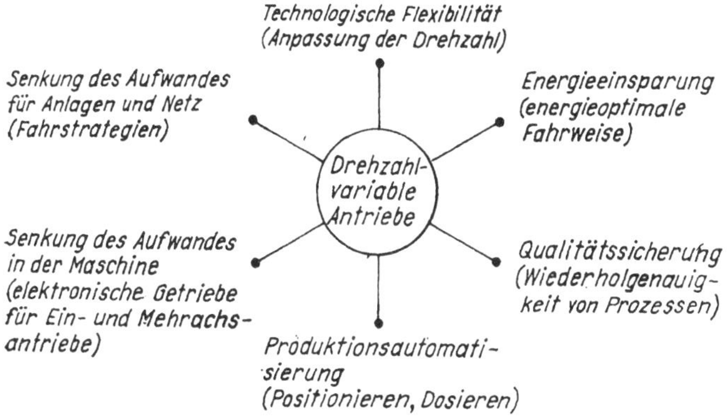

Abb. 3 Einsatzaspekte drehzahlvariabler elektrischer Antriebe

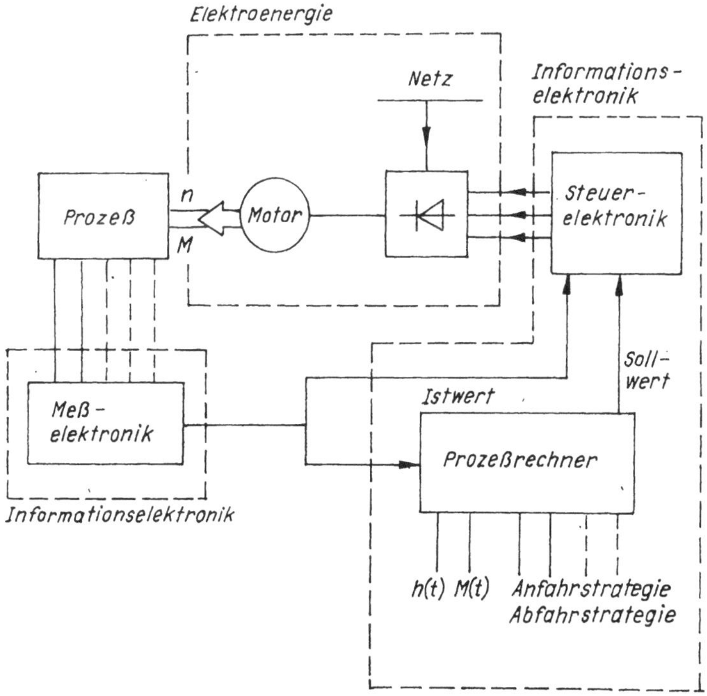

Abb. 4 Prinzip eines Antriebssystems

In Abb. 3 sind die Gebrauchswerte der Automatisierung ohne Bewertung der einzelnen Effekte dargestellt. Es ist zu erkennen, daß sich 3 Gruppen ergeben:

1. Einsparung an Energie (Fahrweise)
2. Einsparung an Material bei der gerätetechnischen Lösung (Netz, Antriebsanalyse, Prozeß)
3. Technologische Vorteile (Flexibilität, Qualitätssicherung, Positionieren, Dosieren)

Das Antriebssystem zeigt Abb. 4 mit den Bestandteilen:

– energieorientierter Teil (Prozeß, Motor, Leistungselektronik)
– Informationselektronik (Sensor, Meßwertverarbeitung und -fortleitung)
– Steuer- und Regelelektronik (Steuerelektronik, Prozeßrechner)

Ein gleiches System ergibt sich auch für andere technologische Prozesse. Es ist lediglich der Motor durch die elektrotechnische Anlage (z. B. galvanisches Bad, Laserlichtquelle, Lichtbogenofen) zu ersetzen. Mit dieser Darstellung ist zu erkennen, daß die Senkung des spezifischen Verbrauches der Elektroenergie nur durch Systeme, die Baugruppen der Mikro- und Leistungselektronik enthalten, möglich ist.

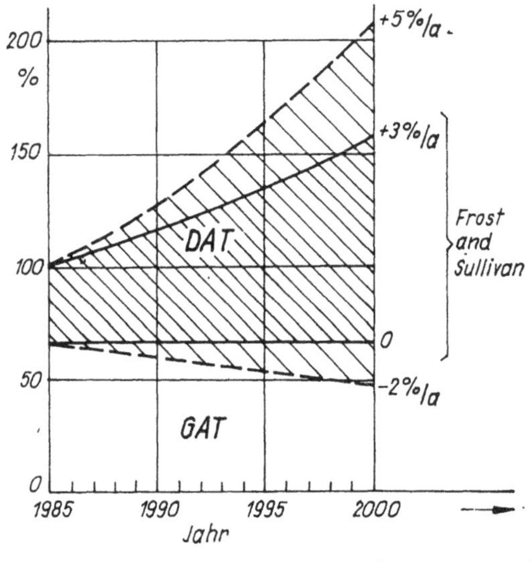

Abb. 5 Entwicklungstrend der Produktionswerte drehzahlvariabler Antriebe

Für elektrische Antriebe bedeutet das, daß in zunehmendem Maße Drehstrommotoren zum Einsatz kommen werden, da sie auch unter Bedingungen arbeiten, unter denen sich der Einsatz der Gleichstrommotoren wegen der Funkenbildung am Stromwender verbietet. Abb. 5 zeigt die zu erwartende Tendenz der weiteren Entwicklung der Gleichstrom- (GAT) und Drehstromantriebstechnik (DAT).

Der Einsatz der geregelten elektrischen Elektroenergiezufuhr ist von der erreichbaren Wirtschaftlichkeit abhängig. Den Einsparungen stehen hohe Aufwendungen entgegen. Weiterhin werden die Effekte sehr maßgeblich von den Elektroenergiepreisen und der Betriebszeit im Jahr bestimmt. Oft erreichte Effekte der Senkung der Umweltbelastung sind ökonomisch nur schwer bewertbar. Es fehlt an handhabbaren Richtlinien, die wirtschaftliche Aussagen gestatten.

In Abb. 6 sind zwei Beispiele dargestellt, die allerdings davon ausgehen, daß keine Folgeinvestitionen erforderlich sind. Bei Antrieben sehr großer Leistung ergeben sich durch die getriebearmen Direktantriebe Senkungen des Flächenbedarfes, die zugunsten der neuen Technik sich niederschlagen.

(Vorteil: unter fast allen Umgebungsbedingungen einsetzbar)

Beispiel: Antrieb für 7,5 kW
  Wechselrichter 10 kVA Kosten 8000 DM ≙ 800 DM/kVA

  Elektroenergie-Einsparung: 30% = 2,5 kW bei 0,2 M/kWh und 8000 h/a
  Einsparung: 8000 · 2,5 · 0,2 = 4000 DM
  Rücklaufzeit: = 2 Jahre

Antrieb für 200 kW 3-, 2-, 1-Schichtbetrieb
Wechselrichter 250 kVA Kosten 100000 DM
Elektroenergieeinsparung: 20% = 40 kW
Einsparung: 8000 · 40 · 0,2 = 64000 DM

Rücklaufzeit: 3-Schichtbetrieb = 1,5 Jahre
  2-Schichtbetrieb = 3,0 Jahre
  1-Schichtbetrieb = 6,25 Jahre

Abb. 6 Überschlägige Ermittlung der Rücklaufzeit drehzahlgestellter Drehstromantriebe

Mikro- und leistungselektronische Bauelemente — Basis der neuen Technik

Mikroelektronische Bauelemente unterliegen kaum speziellen Forderungen der Technik der Elektroenergiestellung. Es sind die gleichen Bauelementefamilien wie in der Informationselektronik. Mehr und mehr werden ASIC's in der Rechnerperipherie wie in der Meßelektronik und der Ansteuerelektronik zur Anwendung kommen.

Leistungselektronische Bauelemente bestimmen die Machbarkeit der Elektroenergiesteller, d. h. der Stromrichter. Auf dem Weltmarkt zeigt sich, daß 1989 das Produktionsvolumen der mikroelektronischen Bauelemente bei ca. 38 Milliarden $ mit einer Steigerungsrate von 10...14% liegt. Für leistungselektronische Bauelemente ergeben sich ca. 2,7 Milliarden $ Produktionsvolumen mit einer Steigerungsrate von 20...50% pro Jahr.

Enge internationale Verflechtung zwischen westeuropäischen, japanischen und amerikanischen Konzernen kennzeichnet den hohen ökonomischen Aufwand und

Tabelle 10a. Entwicklungsforderungen für Bauelemente der Leistungselektronik

1. Erhöhung der Schaltleistung.
   - Erhöhung des Durchlaßstromes
   - Erhöhung der Sperrspannung
2. Verringerung der Verluste
   - Verringerung des Durchlaßspannungsabfalls
   - Verbesserung des Schaltverhaltens
3. Verringerung der Steuerleistung
   - durch Darlingtonanordnung
   - durch Verwendung neuer Wirkprinzipien

Tabelle 10b. Anforderungen an passive Bauelemente

L – verlustarm	– amorphe Magnetika
C – induktionsarm	– Konstruktionsprinzipien

Konstruktive Anordnungen mit kurzen Leitungslängen

Tabelle 11a. Vergleich abschaltbarer LE-BE (1989)

MCT – MOS controlled + thyristor
GRT – insulated gate bipolar Thyristor
GTO – gate turn – off thyristor

	GTO	Bipolar Transistor	IGBT	MOSFET	MCT
			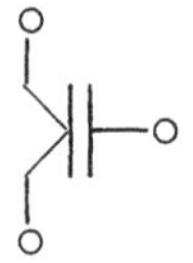		
Sperrspannung	5000 ...6000 V	1200 ...1400 V	1000 V	1000 V 100 V	1200 ...900
Strom	3000 ...4500 A	300 A	300 A	28 V ...200 A	40...150 ...400 A
t_{on}	3...3,5 µs	2 µs	200 ns	100 ns	1,0 µs
t_{off}	10...25 µs	15...25 µs	1 µs	0,3...0,5 µs	1,2 µs
Schaltfrequenz	1 kHz	2...5 kHz ...10...20 kHz	1...20 kHz	10...50 kHz	
Steueraufwand	hoch	mittel	sehr niedrig	niedrig	
Ansteuer-leistung	90 W	52 W	1,8 W	2,7 W	

Tabelle 11 b.

	Thyristoren	GTO	Bipolare Transistoren	Mehrfach Darlington-Transistoren	IGBT	Power	MOSFET	Smart-Sipmoc
Spannung/V	8000; 3500	4500	1200	2000	1000	100, 1000		40
Strom/I	1200;	3000	300	1000	300	200, 28		4
Hersteller		Siemens	AEG		Siemens ABB; AEG		Siemens	Siemens

LE-Bauelemente (Stand 1989)

3-Phasen Vollbrücke	MOSFET	1000 V 6 × 9 A
	IGBT	1000 V 6×15 A

den technischen Schwierigkeitsgrad bei der Entwicklung leistungselektronischer Bauelemente. Man rechnet mit 8 Jahren Entwicklungszeit pro Bauelementefamilie.

Die Forderungen an die Bauelemente zeigen Tabellen 10a und 10b für aktive bzw. passive Bauelemente. Erreichte Parameter leistungselektronischer Bauelemente zeigen Tabellen 11a und 11 b. Diesen Bauelementefamilien stehen in der DDR die im Kombinat Mikroelektronik gefertigten Darlington-Transistoren für 60 A und 1000 V Sperrspannung und die aus dem SW importierten schnellen Thyristoren gegenüber.

Es fehlen z.Z. völlig solche Bauelemente-Familien wie GTO (gate turn-off-thyristor), IGBT (integrated gate bipolar transistor), MOSFET and smart sipmos. Die entscheidenden Vorteile der neuen leistungselektronischen Bauelemente (GTO, IGBT) liegen in

— der wesentlich verringerten Zahl der Beschaltungsaufwendungen (Abb. 7)
— der Einsetzbarkeit bei höheren Frequenzen
— den geringen Ansteuerleistungen
— den höher zulässigen Strömen und Spannungen.

Während international transistorisierte Stromrichter mit den o.a. Vorteilen, die sich im übrigen durch verkleinerte Volumina, höhere Zuverlässigkeit und bessere Wartung auszeichnen, bis zu Leistungen von 150 kVA bauen lassen, liegen die in der DDR erreichten Werte bei 20 kVA (KEM); der Bereich bis ca. 100 kVA wird mit der veralteten Thyristortechnik (KAAB) realisiert bei sog. Spannungswechselrichtern. Bei Stromwechselrichtern sind einige 100 kVA (KAAB) ebenfalls mit der Thyristortechnik erreichbar.

Die künftige Entwicklung ist wie folgt einzuschätzen. Transistoren werden von IGBT verdrängt bis in den Bereich einiger ...zig kVA. Damit wird die Masse aller Elektroenergiestellaufgaben erfüllt.

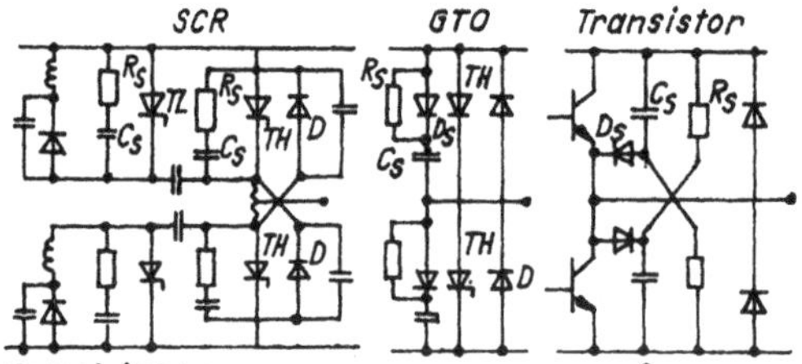

SCR Thyristor
ASCR asymmetrischer Thyristor
RSCR rückwärtsleitender Thyristor
TH Hauptthyristor
D Freilaufdiode
TL Löschthyristor
R_S, C_S, D_S Schutzbeschaltung

	SCR	GTO	Transistor
Transistoren	–	–	2
Thyristoren	4	2	/
Dioden	4	4	4
L	3	/	/
C	8	2	2
R	4	2	2
Volumen	1	0,6	
Geräuschepegel	sehr hoch	niedrig	niedrig
Kommutierungsaufwand	groß	klein	klein
Verluste	groß	klein	klein

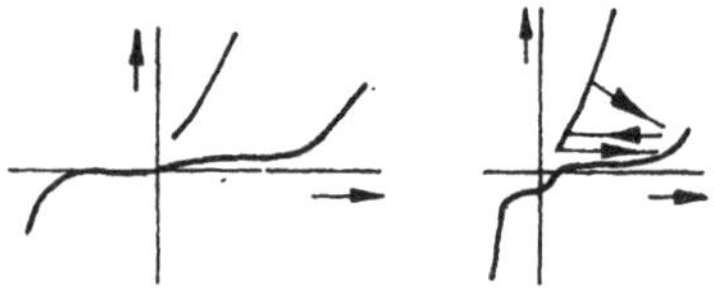

Abb. 7 Schaltbild eines WR-Brückenzweiges

GTO werden von Darlingtontransistoren bis in den Bereich von einigen hundert kW verdrängt. Sie stellen die Basis aller schweren Antriebe für Industrie und Verkehrswesen bis in den Bereich von ...zig MW dar. Die große Bedeutung der GTO zeigt ein Vergleich für elektronische Lokomotiven.

Mit der klassischen Thyristortechnik werden bei einer Leistung von 2,5 MW 246 LE-Bauelemente benötigt. Bei Einsatz von GTO werden 56 LE-Bauelemente benötigt. Die entstehenden Verluste bei der Schaltung halbieren sich in etwa. Das bedeutet, daß die Anwendungen für die Kühlung erheblich sinken.

Als weitere interessante Entwicklung zeichnen sich intelligente LE-BE (smart devices) ab. Abb. 8 zeigt deren Prinzip. Diskreter Aufbau wird in sog. Hybridlösungen der erste Schritt sein. Danach erfolgt die Integration leistungselektronischer und informationselektrischer Funktionen auf einen Chip.

Sowohl die IGBT als auch die intelligenten LE-BE erfordern die Anwendung der bipolaren und der unipolaren Technologien der Mikroelektronik. Das erfordert Investitionen bei dem Hersteller der LE-BE und entsprechende Vorlaufforschung sowie Qualifikation der Arbeitskräfte. Entsprechende Vorbereitungen müssen für die Vorlaufforschung in der AdW und im MHF jetzt getroffen und die Investitionen im KME vorbereitet werden, damit diese Techniken nach 1995 produktionswirksam werden. Zu diesem Zeitpunkt werden derartige LE-BE schon 5...6 Jahre im Angebot sein, denn erste Anbieter treten seit 1989 auf (Siemens, ABB u.a.)

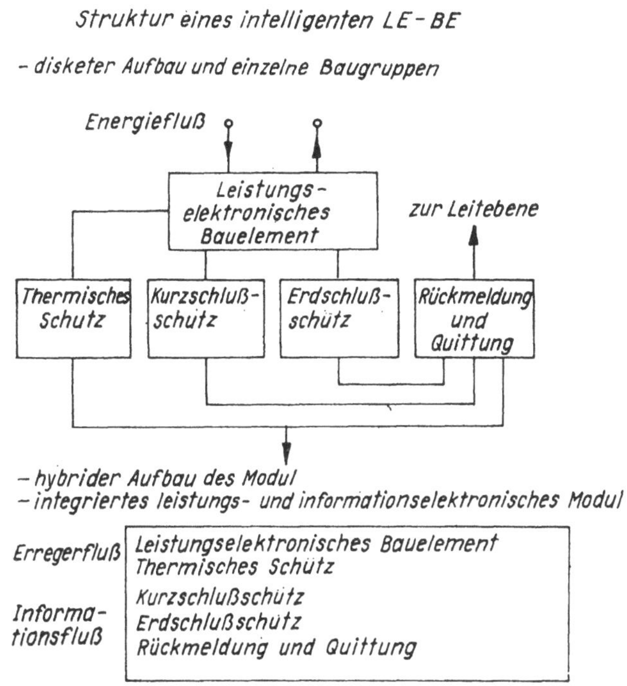

Abb. 8 Struktur eines intelligenten LE-BE

Schlußfolgerungen

Es zeigt sich, daß die Senkung des spezifischen Elektroenergieverbrauches nur durch die breite Anwendung elektrotechnologischer Verfahren möglich ist. Das erfordert die Bereitstellung geregelter leistungselektronischer Einrichtungen. Wesentliche Voraussetzung dafür ist die Bereitstellung leistungselektronischer Bauelemente, vor allem der Darlingtontransistoren für Ströme bis in den Bereich von einigen 100 A sowie die Produktion von IGBT und intelligenter LE-BE.

Bei Fragen zur Produktsicherheit wenden Sie sich bitte an:
If you have any questions regarding product safety,
please contact:

Walter de Gruyter GmbH
Genthiner Straße 13
10785 Berlin
productsafety@degruyterbrill.com